BEI GRIN MACHT SICH IHR WISSEN BEZAHLT

- Wir veröffentlichen Ihre Hausarbeit, Bachelor- und Masterarbeit

- Ihr eigenes eBook und Buch - weltweit in allen wichtigen Shops

- Verdienen Sie an jedem Verkauf

Jetzt bei www.GRIN.com hochladen und kostenlos publizieren

Marion Heiß

Der Einfluss von Flächenversiegelungen auf Grundwasserneubildungsraten und Abflussverhalten

GRIN Verlag

Bibliografische Information der Deutschen Nationalbibliothek:

Die Deutsche Bibliothek verzeichnet diese Publikation in der Deutschen National-
bibliografie; detaillierte bibliografische Daten sind im Internet über http://dnb.d-
nb.de/ abrufbar.

Impressum:

Copyright © 2005 GRIN Verlag GmbH
Druck und Bindung: Books on Demand GmbH, Norderstedt Germany
ISBN: 978-3-656-54751-8

Dieses Buch bei GRIN:

http://www.grin.com/de/e-book/112077/der-einfluss-von-flaechenversiegelungen-
auf-grundwasserneubildungsraten

Der Einfluss von Flächenversiegelungen

auf Grundwasserneubildungsraten und

Abflussverhalten

Inhaltsverzeichnis

Verzeichnis der Abbildungen

Verzeichnis der Tabellen

1. Leben unter versiegelten Flächen?

Wenn ich Mitkommilitonen von mir frage, warum sie zum Studieren an die Eichstätter Universität gegangen sind, bekomme ich oft die Antwort, dass die unberührte, naturnahe Umgebung so reizvoll für sie war. Das kann man sicher nachvollziehen, denn ein Leben inmitten Verkehr, Hochhäusern und Industrieanlagen wäre zumindest für mich keine schöne Vorstellung, obwohl viele Menschen in den Großstädten nichts anderes kennen. Wenn ich aber nun behaupten würde, dass es in ganz Deutschland in einigen Jahren keinen Wald, keine landwirtschaftlichen Freiflächen und andere naturbelassene Gebiete mehr gibt, würde mir wohl keiner glauben. Doch auch wenn es erschreckend klingt, so abwegig ist diese Aussage nicht. Jeden Tag werden in Deutschland 129 ha in Siedlungs- und Verkehrsfläche umgewandelt (Stand 2002), das sind täglich ca. 130 Fußballfelder (vgl. INTERNET, Nr. 1), die der Natur genommen werden und für den Menschen in Gebäude- und Freiflächen, Betriebsflächen, Erholungsflächen, Friedhofsflächen und Verkehrsflächen (vgl. INTERNET, Nr. 2) umgebaut werden. Modellrechnungen haben ergeben, dass bei einer solchen weiterhin ungebremsten Flächenumwandlung das Gebiet der Bundesrepublik in 80 Jahren nur noch aus Siedlungs- und Verkehrsfläche bestehen würde (vgl. INTERNET, Nr. 3).

Will man optimistisch sein, kann man jetzt anmerken, dass bei den Siedlungs- und Verkehrsflächen ja genügend Frei- und Erholungsflächen als Ausgleich mit eingerechnet sind. Von den 12,3 % der Siedlungs- und Verkehrsfläche in der BRD (siehe Punkt 2.2) sind nämlich „nur" knapp die Hälfte versiegelt (vgl. INTERNET, Nr. 4). Jedoch ist offensichtlich, dass mit der vorausgesagten Zunahme der Siedlungs- und Verkehrsfläche eine Zunahme der Flächenversiegelung einhergeht. Außerdem und das ist für uns besonders relevant, hat die Flächenversiegelung nicht nur die Folge, dass es vielleicht nicht sehr ästhetisch wirkt, wenn alles mit Beton verkleidet ist. Sie hat aufgrund der weitgehenden Wasserundurchlässigkeit der versiegelten Böden auch drastische Auswirkungen auf die Wasserbilanz eines Gebietes, was hier im Besonderen mit der Grundwasserneubildung und dem Abflussverhalten untersucht werden soll.

„Wasser ist Leben", so heißt der Slogan der deutschen Wasserwirtschaftsämter. Dass diese Aussage im besonderen Maße auch auf das Thema Versiegelung passt, zeigt sich in der Tatsache, dass aufgrund der von Menschen verursachten Bodenversiegelung das Wasser einerseits zu knapp und andrerseits zuviel wird, jeweils in verschiedenen Bereichen, jedoch immer wieder rückwirkend auf den Menschen.

2. Flächenversiegelung

2.1. Definition

Um von Flächenversiegelung sprechen zu können, muss erst definiert werden, was dies überhaupt heißt. Darunter vorstellen kann sich sicher jeder was, jedoch sind sich selbst die Wissenschaftler darüber uneinig, wie man Versiegelung am besten beschreiben soll. Die am häufigsten verwendete Definition in der Literatur ist die von Böcker (1985), wobei er Flächenversiegelung und Bodenversiegelung weitgehend synonym gebraucht: „Bodenversiegelung bedeutet, daß offener Boden sehr stark verdichtet und mit impermeablen Substanzen wie Teer, Beton oder Gebäuden bedeckt wird. Die Austauschvorgänge zwischen Boden und Atmosphäre, die sowohl den abiotischen Bereich – wie Versickerung oder umgekehrt Verdunstung von Bodenwasser, Luftaustauschprozesse zwischen Boden und Luft – als auch den biotischen Bereich betreffen, werden unterbunden" (BÖCKER 1985, 58).

Andere Wissenschaftler beziehen sich hinsichtlich ihrer Definition auf den Versiegelungsgrad einer Fläche. So unterteilt Burghardt in „Vollversiegelung [...], z.B. durch Straßen, Plätze, Flughäfen, Gebäude" etc., in „Teilversiegelung, z.B. durch Pflasterung, Gehwegplatten und Rasensteine" und in „Unterflurversiegelung, z.B. durch Tiefgaragen, Straßentunnel, U-Bahntunnel" etc. (BURGHARDT 1993). Um auch diesen Aspekt zu berücksichtigen, wird im Punkt 2.5 auf einige Beispiele von Versiegelungsmaterialien eingegangen, die aufgrund ihrer unterschiedlichen Durchlässigkeit verschiedene Auswirkungen auf Grundwasserneubildung und Abflussverhalten haben. Die Unterflurversiegelung wird hier vernachlässigt.

Im Vergleich zu Burghardt, bezieht sich Böcker also mehr auf die Wirkung der Versiegelung, d.h. auf die Austauschvorgänge des Bodens mit der Atmosphäre. Dieser Ansicht folge ich nun und beschäftige mich im Besonderen mit der Grundwasserneubildung und dem Abflussverhalten unter bzw. auf versiegelten Flächen. In Abbildung 1 sieht man vereinfacht, welche Folgen die Versiegelung auf ihre Umwelt hat. Pauschal kann man sagen, dass die Grundwasserneubildung bei Vollversiegelung abnimmt und der Oberflächenabfluss zunimmt, wobei aber noch genauer differenziert werden muss (siehe Punkt 3 und 4).

Das Stadtklima sowie die Pflanzen- und Tierwelt werden zudem beeinträchtigt, was hier aber nicht Gegenstand der Untersuchung ist.

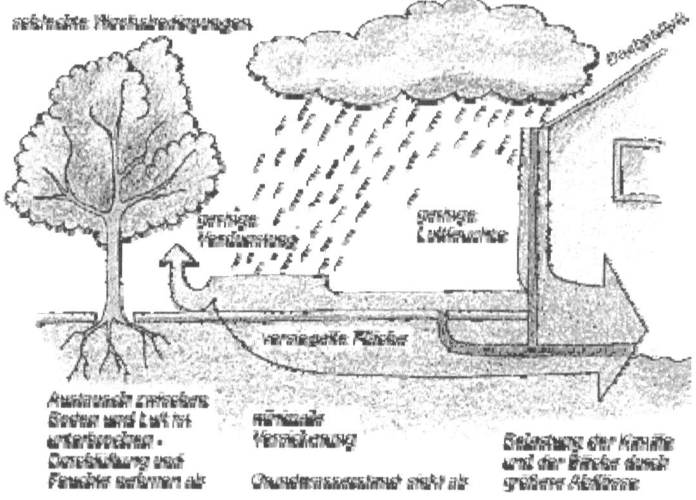

Quelle: INTERNET, Nr. 5

2.2. Ausbreitung der Flächenversiegelung als Folge einer Siedlungs- und Verkehrsflächenzunahme

Wie einleitend schon dargelegt, nimmt die Siedlungs- und Verkehrsfläche in Deutschland und v.a. auch in Bayern immer weiter zu. Ebenso schon erwähnt wurde, dass die Siedlungs- und Verkehrsfläche nicht gleichbedeutend mit versiegelter Fläche ist, da sie auch einen erheblichen Anteil unbebauter und nicht versiegelter Flächen umfasst. Bei der Datenermittlung muss man deshalb Vorsicht walten lassen, da viele Quellen zwischen den beiden Begriffen nicht genau unterscheiden. Da aber der Anteil versiegelter Fläche an der Siedlungs- und Verkehrsfläche in der Regel zwischen 40 und 50% liegt, in Großstädten oft darüber (vgl. INTERNET, Nr. 6), kann man aufgrund der Siedlungs- und Verkehrsflächenentwicklung auch auf die Entwicklung der Versiegelung schließen. Mit zunehmender Flächeninanspruchnahme steigt somit auch der Anteil der versiegelten Flächen. Betrachtet man die Struktur der Flächennutzung in Deutschland, so sind 12,3 % der deutschen Fläche Siedlungs- und Verkehrfläche. Im Vergleich zur Landwirtschafts- (53,5 %) und Waldfläche (29,5 %) ist dieser Anteil scheinbar gering (siehe Abbildung 2).

Es muss jedoch bedacht werden, dass der Siedlungsflächenanteil regional sehr unterschiedlich ist, d.h. dass in Verdichtungsräumen wie Großstädten, der Anteil bis zu 75% betragen kann (siehe Abbildung 3). Zum Beispiel übertraf hier München mit 74,9 % sogar die Stadtstaaten Berlin (68 %) und Hamburg (55,8 %) (Stand 1997) (vgl. INTERNET, Nr. 3). Der Versiegelungsgrad von München wurde 1999 mit 42% ermittelt.

Abbildung 2: Nutzung der Bodenfläche 2001

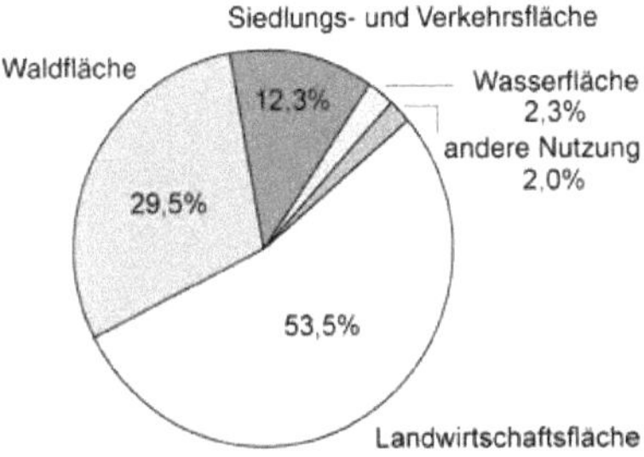

Quelle: INTERNET, Nr. 4

Wie seine Landeshauptstadt, zeigt sich auch Bayern im Ländervergleich mit 18,1 ha Flächenverbrauch pro Tag (Stand 2002) an der Spitze der Flächeninanspruchnahme. So stieg von 1980 bis 2002 der Anteil der Siedlungs- und Verkehrsfläche an der Gesamtfläche Bayerns von 8,0 % auf 10,5 % (vgl. INTERNET, Nr. 8).

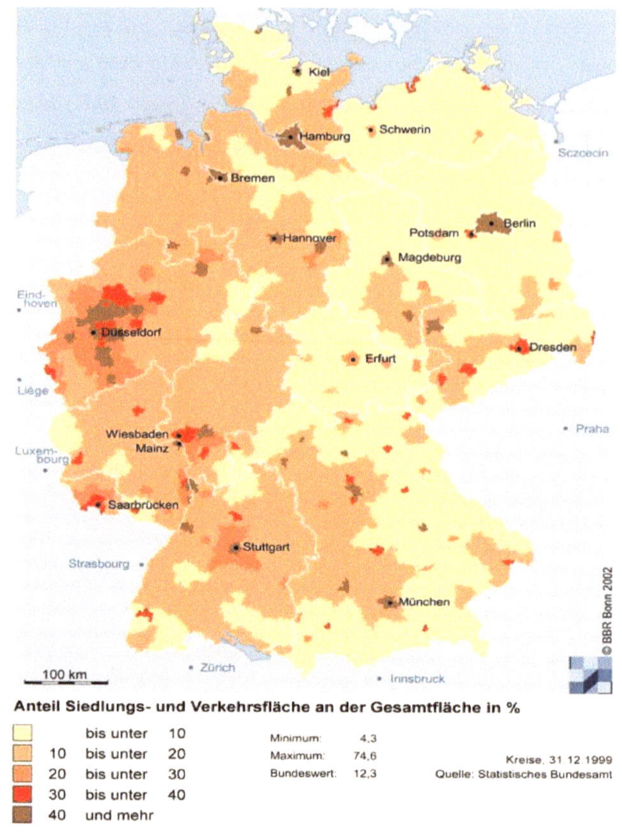

Quelle: INTERNET, Nr. 7

Betrachtet man wiederum den Anteil der versiegelten Fläche bei Verkehrsflächen und Gebäude- und Freiflächen, kommt man auf 4,0 % (siehe Tabelle 1).

Gerade für Bayern ist es also von höchster Dringlichkeit die Flächeninanspruchnahme und somit auch die Flächenversiegelung zu verringern. Denn betrachtet man den Aspekt der Grundwasserneubildungsabnahme als Folge der Versiegelung, unter dem Blickwinkel des Trinkwasserschutzes, so kann man wieder auf den Slogan „Wasser ist Leben" zurückkommen, da Bayern sein Trinkwasser zu rund 93 % aus Grund- und Quellwasser gewinnt (vgl. BAYR. LANDESAMT FÜR WASSERWIRTSCHAFT / BLFW 2001, 39).

Tabelle 1: Versiegelte Fläche in Bayern (2000)

Bayern	Fläche	Anteil versiegelter Flächen	Versiegelte Fläche
	km²	%	km²
Verkehrsfläche	3234	28,2	912
Gebäude- und Freifläche	3663	52,4	1919
Summe			2831
Gesamtfläche	70550	**4,0**	

Quelle: INTERNET, Nr. 6

2.3. Ursachen der zunehmenden Flächeninanspruchnahme

Warum die Siedlungs- und Verkehrsfläche und damit auch die Flächenversiegelung immer weiter zunimmt hat mehrere Gründe, die sich wohl in der Zukunft noch verschärfen werden. Wie jeder weiß, wächst die Bevölkerung in Deutschland sowie auf der ganzen Welt stetig an, was die Folge hat, dass immer mehr Wohnfläche benötigt wird. Diese demographische Entwicklung geht zusätzlich einher mit einer Zunahme der Wohnfläche pro Einwohner. Nimmt man Bayern wieder als Beispiel, so nahm die dort lebende Bevölkerung von 1988 bis 2000 um 10,7 % zu, die Wohnfläche von 1987 bis 1997 um 7,2 % (vgl. INTERNET, Nr. 8). Betrachtet man nun noch die Entwicklung der Wohnfläche pro Einwohner, so ist es nicht verwunderlich, dass unser Bundesland zunehmend unter Siedlungsfläche verschwindet. Denn während 1960 eine Person noch mit 19 m² Wohnfläche auskam, verlangt heutzutage ein Einwohner in Bayern rund 40m². Hintergrund sind gesellschaftspolitische Entwicklungen, die sich auch in einer überdimensionalen Zunahme von Single-Haushalten (1970-1998: Zuwachs von 110 %) (vgl. INTERNET, Nr. 8) und einer Verringerung der Personenanzahl pro Haushalt (1950-1998: von 3 auf 2,2 Personen) zeigt. Außerdem siedelt sich das Gewerbe immer öfter am Rande von Verdichtungsräumen an, wo es sich dann flächenmäßig ausbreitet (vgl. INTERNET, Nr. 6) (Zunahme der Gewerbefläche in Bayern von 1996-2000: 9,15 %) (vgl. INTERNET, Nr. 8). Diese theoretischen Daten sind für jeden von uns ersichtlich, wenn man aus der Stadt in ländliche Regionen kommt. Während der Flächeninanspruchnahme in großen Verdichtungsräumen Grenzen gesetzt sind, breitet sich das Flächenwachstum am Rande von Städten bis hin zu den Vororten immer mehr aus. Denn nur dort hat man die räumlichen Möglichkeiten, sich ein Einfamilienhaus mit Garten oder eine eingeschossige Bauweise des Gewerbes zu gönnen. Aufgrund dessen liegt die Zunahme der Siedlungs- und Verkehrsfläche in ländlichen und in Grenzland-

und strukturschwachen Regionen höher als in Regionen mit hoher Verdichtung (siehe Abbildung 4). Obwohl man glauben könnte, dass die Flächenversiegelung in ländlichen Regionen genügend Ausgleichsflächen in Form von Gärten etc. hat, ist nachgewiesen, dass die dortige Versiegelung z.T. größere Wirkung auf Grundwasserneubildung und Abflussverhalten zeigt, als in Verdichtungsräumen (siehe Punkt 3.2).

Abbildung 4: Zunahme der Siedlungs- und Verkehrsfläche nach Regionsgruppen (Bayern)

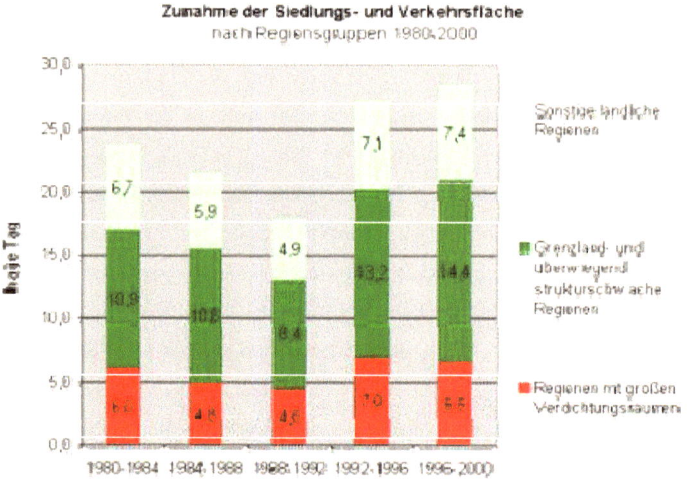

Quelle: INTERNET, Nr. 6

2.4. Versickerungsverhalten der Versiegelungsflächen als Hintergrund der Auswirkungen auf Grundwasserneubildung und Abflussverhalten

Wird ein Gebiet, welches vorher vegetationsbedeckt war, mit festen Materialien wie Teer, Beton oder Gebäuden (siehe Definition von BÖCKER, Punkt 2.1) versiegelt, wird die Versickerung von Niederschlagswasser auf dieser Fläche unterbunden (siehe Abbildung 1). Die Versiegelung bewirkt, dass der Teil des Niederschlagswassers, der normalerweise in den Boden infiltriert und als Sickerwasser dem Grundwasser zugeführt wird, bei versiegelten Flächen nicht zur Grundwasserneubildung beitragen kann, sondern oberflächlich abfließt. Zudem ist eine verringerte Verdunstung die Folge, weil im Vergleich zur hohen Verdunstungsrate von Pflanzen und Boden

(Evapotranspiration), die Versiegelungsfläche nur wenig Verdunstung zulässt (vgl. GISEKE 1988, 91, 92). Durch die anthropogen verursachte Undurchlässigkeit des Bodens kommt es also dazu, dass mehr Wasser an der Oberfläche zurückgehalten wird, welches abfließen muss, und dass weniger Wasser für die Grundwasserneubildung zur Verfügung steht. Auf diese Weise sind Grundwasserneubildung und Abfluss komplex miteinander verflochten. Denn „je stärker der Versiegelungsgrad nach Art des zur Versiegelung verwendeten Materials ist, desto höher ist der Anteil des Niederschlags, der nicht in den Boden eindringt, sondern als Oberflächenwasser [...] in die Vorfluter abfließt" (GISEKE 1988, 91).

Nach Böcker ist Versiegelung dann gegeben, wenn Beton, Teer oder Gebäude den Boden abdichten. Aber wie schon erwähnt, gibt es auch andere Differenzierungen des zur Versiegelung verwendeten Materials, was sich schließlich auf die Versickerungsrate der Fläche auswirkt. Während Asphalt oder Betondecken eine nahezu 100%-ige Versiegelung der Oberfläche bewirken (vgl. GISEKE 1988, 92), werden nach Burghardt Pflasterung, Gehwegplatten und Rasensteine als Teilversiegelung gesehen (siehe Punkt 2.1), d.h. bei solchen „fugig im Sandbett verlegten Materialien" (GISEKE 1988, 92) bleibt die Versickerung und Verdunstung zum Teil erhalten. Aufgrund der zahlreichen Möglichkeiten von Belägen, können hier nur wenige Beispiele betrachtet werden, die aber die für die Versickerung entscheidenden Belagseigenschaften gut erkennen lassen. Im Zuge eines Forschungs- und Entwicklungsvorhabens („Entwicklung von Methoden zur Aufrechterhaltung der natürlichen Versickerung von Wasser") der Berliner Wasserwerke und der Technischen Universität Berlin wurde die Versickerungsfreundlichkeit verschiedener Materialien im Labor und unter Freilandbedingungen untersucht. Unter Laborbedingungen wiesen die Versuchsflächen im Allgemeinen höhere Versickerungsanteile auf, als unter Freilandbedingungen (Untersuchungszeitraum von drei Jahren). Um noch realistischere Ergebnisse zu erhalten, wurde der Untersuchungszeitraum auf 5 Jahre verlängert, so dass Aussagen über den Einfluss der Alterung auf das Versickerungsverhalten der Beläge getroffen werden konnten (vgl. BREUSTE 1996, II-19 – II-22). Es gibt unendlich viele Möglichkeiten von Pflasterflächen, hinsichtlich des Materials, der Form, des Fugenanteils, der Unterbaubeschaffenheit etc., was alles die Durchlässigkeit beeinflusst (vgl. GISEKE 1988, 99). Beschäftigen möchte ich mich nur mit drei Belagsarten, nämlich den Bernburger Mosaik, die Betonverbundsteine und die Rasengittersteine (siehe Tabelle 2).

Tabelle 2: Versickerungsfreundlichkeit verschiedener Versiegelungsflächen (Langzeitversuch)

Art der Pflasterfläche	Anteil (%) Versickerung
Bernburger Mosaik, Schlagung 4/6 in neuem Pflastersand (Abb. 7)	40 - 46
Rasengittersteine mit Raseneinsaat (Abb. 9)	55 - 63
Betonverbundsteine (Abb. 8)	62 - 71

Quelle: nach BREUSTE 1996, II-22

Abbildung 5: Bernburger Mosaik

Quelle: BREUSTE 1996, III-57

Das Mosaikpflaster wird zu den Natursteinpflastern gerechnet. Wegen der Dichte des Materials kann das Wasser hier nur durch die Fugen versickern, wobei angenommen wird, dass mit zunehmenden Alter aufgrund von Zusätzen und Verkrustungen der Fugen, eine Verringerung der Versickerungsleistung eintritt (vgl. GISEKE 1988, 68, 69).

Der Betonverbundstein gehört wie der Mosaik zu den Pflasterbelägen. Obwohl die Fugen nicht so ausgeprägt sind, hat er einen höheren Versickerungsanteil wie das Mosaikpflaster. Das liegt daran, dass aufgrund des Porenvolumens des Betons das Wasser auch durch das Material versickern kann (vgl. GISEKE 1988, 68, 69).

Abbildung 6: Betonverbundstein

Quelle: BREUSTE 1996, III-51

Abbildung 7: Rasengittersteine

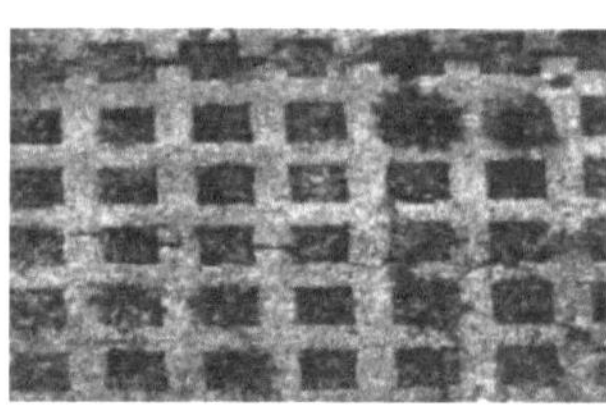

Quelle: BREUSTE 1996, III-52

Die Rasengittersteine gehören zu den Plattenbelägen, wobei sie im Vergleich zu den anderen nur eine durchschnittlich gute Durchlässigkeit aufweisen (vgl. GISEKE 1988, 71), was wohl auf den Versickerungs- und Verdunstungseinfluss der Pflanzen zurückzuführen ist, da die Pflanzen einen Teil des Wassers aufnehmen und verdunsten. Hinsichtlich der Prozentzahlen der Tabelle 2 muss noch gesagt werden, dass bei den jeweiligen Materialien „die Bandbreite der Werte [...] insbesondere durch die unterschiedlichen Witterungsbedingungen der Sommermonate zu erklären" (BREUSTE 1996, II-21) sind.

Wie man sieht, ist die Versickerungsleistung eines bestimmten Belags von zahlreichen Faktoren abhängig. Aufgrund der Komplexität der Wirkungszusammenhänge, die alle auf die Grundwasserneubildung und das Abflussverhalten einwirken, wie Niederschlag, Evapotranspiration, klimatische Verhältnisse, Bodenart, Belagsart und Vegetationsbestand (vgl. GISEKE 1988, 104) ist es sehr schwierig, allgemein geltende exakte quantitative Aussagen darüber zu treffen. Jedoch, und das ist das Entscheidende, können sichere qualitative Aussagen hinsichtlich der Wirkungen der Flächenversiegelung getroffen werden, was im Folgenden für die Grundwasserneubildung und das Abflussverhalten ausführlicher erläutert wird, wobei ich auch auf ein paar spezielle quantitative Beispiele eingehen werde.

3. Einfluss der Flächenversiegelung auf die Grundwasserneubildung

3.1. Grundwasserneubildung – Grundlage der Trinkwasserversorgung

Wie eingangs schon erwähnt, wird das Trinkwasser in Bayern zu rund 93 % aus Grund- und Quellwasser gewonnen, im Vergleich dazu 73 % im Bundesdurchschnitt (vgl. BLFW 2001, 39). Man denkt nicht groß darüber nach, wo das Wasser herkommt, wenn man den Wasserhahn aufdreht und man kann sich in unseren Breiten auch nicht vorstellen, dass das Wasser irgendwann aufgebraucht ist. Jedoch werden in den letzten Jahren immer öfter Stimmen laut, die von einer Wasserverknappung sprechen. Dabei spielt die Grundwasserneubildung eine entscheidende Rolle, da die für den Menschen nutzbare Menge des Grundwassers durch die Neubildung bestimmt wird. Jährlich werden in Bayern 15 Milliarden Kubikmeter Grundwasser neugebildet („Grundwasser-dargebot") (MATTHES/UBELL 1983, 369), wobei jedoch aufgrund der ökologischen Funktionen des Wassers im Boden (Flora und Fauna, Landwirtschaft etc.) nur etwa 10 % davon für die Trinkwasserversorgung genutzt werden kann (vgl. BLFW 2001, 84) (siehe Abbildung 8).

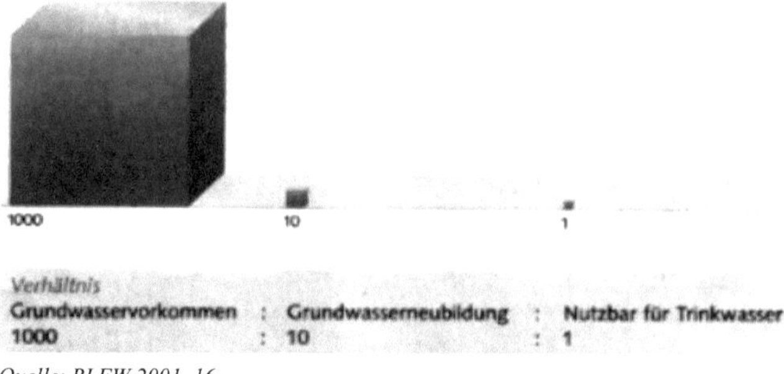

Quelle: BLFW 2001, 16

Grundwasserneubildung ist jedoch kein ständiger Vorgang, so setzt sie in Mitteleuropa zwischen Oktober und Dezember ein und dauert bis März/April an (vgl. MATTHES/UBELL 1983, 369). Während der Vegetationszeit wird kaum neues Grundwasser gebildet, da die Pflanzen einen Großteil der Niederschläge aufnehmen und verdunsten (vgl. BLFW 2001, 16). Vorraussetzung für die Grundwasserneubildung ist jedoch, dass die dafür notwendigen Niederschläge im Boden versickern können. Der Boden nimmt dann je nach Porenvolumen wie ein Schwamm das Regenwasser auf, filtert es und sammelt es im Untergrund als Grundwasser (vgl. INTERNET, Nr. 10).

3.2. Abhängigkeit der Grundwasserneubildung vom Versiegelungsgrad der Flächen

Bei vollständiger Flächenversiegelung kann jedoch das Niederschlagswasser nicht in den Boden versickern und somit auch nicht zum Grundwasser gelangen. Die Folge ist eine Verringerung der Grundwasserneubildungsrate. Dies kann in schlimmen Fällen sogar dazu führen, dass während regenarmer Perioden Vorfluter trocken fallen und Probleme bei der Wasserversorgung der Bevölkerung entstehen, wie in Hamburg vor einigen Jahren. Dort hatten Untersuchungen ergeben, dass sich der Grundwasserspiegel aufgrund der Versiegelung drastisch gesenkt hatte (vgl. BERLEKAMP 1987, 129).

Es wurde bisher immer davon gesprochen, dass eine Flächenversiegelung die Grundwasserneubildungsrate verringert, d.h. dass weniger Grundwasser neu gebildet wird. Doch an dieser Stelle muss genauer differenziert werden. Es gibt Versiegelungsflächen, die eine Versickerung zulassen, wobei ich auf Punkt 2.5 verweise, wo einige Beispiele von solche Belägen schon erläutert wurden. So können

Versiegelungsmaterialien mit bestimmten versickerungsfreundlichen Eigenschaften sogar eine höhere Grundwasserneubildung aufweisen als bewachsene Freilandflächen. Hohe Fugenanteile in den Flächen und / oder eine sog. Verdunstungssperrschicht (z.B. Kies) unterhalb der Auflagen begünstigen die Versickerung und verringern die Verdunstungsverluste. Die Verluste sind v.a. der Grund dafür, warum während der Vegetationszeit kaum Grundwasser neu gebildet wird (s.o.) und warum somit unter einer vegetationsbedeckten Fläche die Grundwasserneubildungsrate teils geringer ist als unter einer versiegelten Fläche, denn die Pflanzen nehmen einen Großteil des Wassers auf und verdunsten es (vgl. WESSOLEK 1988, 536).

Hinsichtlich dieser Ausführungen lässt sich nicht bestreiten, dass bestimmte Versiegelungsmaterialien bzgl. der Grundwasserneubildungsrate positive Auswirkungen auf den Wasserhaushalt haben. So wurden für Berlin in den Jahren 1981/82 die Grundwasserneubildungsraten auf verschiedenen Versiegelungsflächen hinsichtlich der Materialeigenschaften gemessen und mit „natürlichen" Standorten verglichen. In Abbildung 9 erkennt man, dass die Grundwasserneubildungsrate unter versickerungsfreundlichen Materialien z.T. höher liegt als unter Acker, Grünland oder Nadelwald. Diese Gesamtzahlen lassen sich in den meisten Fällen darauf zurückführen, dass im Sommerhalbjahr, wo unter vegetationsbedeckten Flächen keine Grundwasserneubildung stattfindet, unter den versiegelten Flächen aufgrund der geringeren Verdunstungsverluste und der verkürzten Verweilzeit des Sickerwassers in der ungesättigten Bodenzone trotzdem Grundwasser gebildet wird (vgl. WESSOLEK 1988, 536).

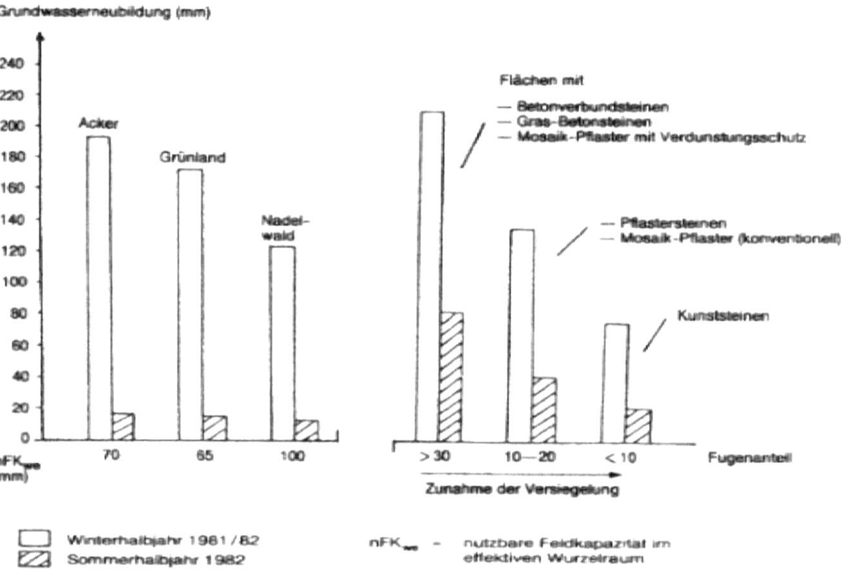

Man kann also sagen, dass für die Grundwasserneubildung eines Gebiets nicht nur der Anteil unversiegelter Flächen maßgeblich ist, sondern dass die teilversiegelten Flächen ja nach ihren Materialeigenschaften und dem Aufbau des Untergrunds einen z.T. erheblichen Zuwachs an Grundwasser bedeuten können (vgl. WESSOLEK 1988, 538). Trotzdem kann die Versiegelung an sich im Hinblick auf die Grundwasserneubildung nicht gutgeheißen werden, da ein Großteil der Flächen vollversiegelt sind, d.h. asphaltiert oder betoniert und somit gänzlich wasserundurchlässig sind. In diesem Fall verringert sich die Grundwasserneubildung um einen erheblichen Teil. So wurden im Raum Aachen Untersuchungen durchgeführt, die dies belegen. Dort wurden Senkungsraten des Grundwasserspiegels von 0,06 bis zu 0,5 m pro Jahr gemessen, als die Versiegelung um 20 - 40 % im Umkreis von 5 km^2 um die Messstelle zunahm (vgl. WEBER 1991, 139). Die Grundwasserneubildung unter bebauten Gebieten nahm um 0,7 bis 1,6 % pro Prozent zusätzlicher Versiegelung ab.

Hinsichtlich der bestehenden Bebauung und der Bebauungszunahme kann man drei Situationen bzgl. der Grundwasserveränderung differenzieren. Wenn eine Fläche zu Beginn schon nur gering versiegelt ist und dann auch nur eine geringe Zunahme der Bebauung erfolgt (beides ≤ 10 %), kann keine Verringerung der Grundwasserneubildung nachgewiesen werden. Stattdessen wirkt sich auf einer bereits zu 20 % bebauten Fläche eine zusätzliche Bebauung von mehr als 20 % schon auf die Grundwasserneubildungsrate aus. Es wird eine Abnahme um 0,7 bis 1 % pro Prozent zusätzlich versiegelter Fläche gemessen. Der stärkste Einfluss zeigt sich bei ehemals gering bebauten Gebieten (≤ 10 %), deren Versiegelung um mehr als 20 % zunimmt. Pro Prozent Versiegelungszuwachs verringert sich die Grundwasserneubildungsrate um 1,3 bis 1,6% (vgl. WEBER 1991, 140). Hier wird auch ersichtlich, warum ländliche Regionen, wo anfangs noch keine drastische Versiegelung vorherrscht von den Folgen einer Bebauung stärker betroffen sind als Verdichtungsräume (siehe Punkt 2.3).

Zusammenfassend kann man also sagen, dass man bei den Auswirkungen der Versiegelung auf die Grundwasserneubildungsrate differenzieren muss. Werden Materialien verwendet, die versickerungsfreundlich sind und demnach die Infiltration von Niederschlagswasser nicht gänzlich unterbinden, kann die Grundwasserneubildungsrate z.T. sogar ansteigen. Bei 100 %-iger Versiegelung jedoch muss man mit einer Abnahme rechnen, wobei hier der Betrag der Absenkung abhängig ist von der Bebauung zu Beginn der Untersuchung und der Bebauungszunahme während des Beobachtungszeitraums.

4. Einfluss der Flächenversiegelung auf das Abflussverhalten

4.1. Verstärkung des Oberflächenflächenabflusses

Der Teil des Niederschlagswassers, welcher aufgrund der verminderten oder verhinderten Durchlässigkeit des Bodens nicht versickern kann, muss natürlich auf andere Weise abfließen, nämlich oberirdisch. Das Wasser fließt von dort aus unmittelbar in die im Zuge der Urbanisation gebauten Kanalisation ab und gelangt schließlich in die Vorfluter. Demnach fließt auf einer versiegelten Fläche mehr Wasser ab als auf durchlässigen Flächen, wo ein Anteil des Wassers im Boden versickern kann. Betrachtet man verschiedene Oberflächen und deren Anteile an abgeführten Niederschlagswasser, sieht man, dass die Versickerung hier wieder die entscheidende quantitative Rolle spielt, d.h. je mehr der Boden versiegelt ist, desto weniger Wasser versickert und desto mehr fließt oberflächlich ab. Tabelle 3 zeigt nochmals, wie im Punkt 2.5 schon erläutert, welchen Einfluss der Versiegelungsgrad auf die Durchlässigkeit bzw. auf die Menge des oberflächlich abgeführten Wassers hat. So wird auf undurchlässigen und zusätzlich geneigten Dachflächen das ganze Niederschlagswasser abgeführt, während auf bewachsenen und durchlässigen Böden, wie Gärten oder Parks der Anteil sehr gering ist.

Tabelle 3: Anteil des von verschiedenen Oberflächen abgeführten Niederschlagswassers

Dachflächen	100 %
Pflaster mit Fugenverguss, Schwarzdecken oder Beton	90 %
Pflaster ohne Fugenverguss	85 %
Fußwege mit Platten oder Schlacke	60 %
Ungepflasterte Straßen, Höfe und Promenaden	50 %
Spiel- und Sportplätze	25 %
Vorgärten	15 %
Größere Vorstadtgärten	10 %
Parks	0-5 %

Quelle: nach GISEKE 1988, 91

Dabei wird der Zusammenhang zwischen der Verringerung der Grundwasserneubildung und der Erhöhung des Oberflächenabflusses wieder klar. Denn das Wasser, welches durch die Versiegelung bei der Grundwasserneubildung fehlt, ist nun beim Oberflächenabfluss zuviel, wobei der Überschuss ungenutzt ins Abwassersystem abfließt und somit weder für Pflanzen, noch für den Menschen zur Verfügung steht (vgl. INTERNET, Nr. 10). Ein Teil des überschüssigen Wassers verdunstet zwar an der Oberfläche, jedoch ist dieser auf versiegelten Flächen im Vergleich zu vegetationsbedeckten Flächen sehr gering. Aufgrund der geringen Speicherkapazität der Versiegelungsflächen fließt der größte Teil des Niederschlags sofort ab und wird somit der Verdunstung entzogen (vgl. GRONOWSKI 1992, 75).

Der aus der Versiegelung resultierende erhöhte Oberflächenabfluss zeigt sich rein rechnerisch in einem ansteigenden Abflusskoeffizienten (vgl. VERWORN 1982, 53). Dieser wird auch Abflussbeiwert genannt und wird definiert als die „Verhältniszahl von Abfluss und Niederschlag (A/N)", wobei dieser Wert „v.a. von der Verdunstungsmenge, der Niederschlagssumme und –verteilung sowie den Speichereigenschaften des Untergrundes bestimmt" (LESER 2001, 8) wird. In welchem Maß die Steigerung erfolgt, hängt von zahlreichen Faktoren ab, wie den Gebietseigenschaften, der Stärke und Art der Regenereignisse und den bei Regenbeginn vorliegenden Bedingungen (z.B. Vorbefeuchtung). Es darf also nicht einfach angenommen werden, dass die Zunahme des Abflussbeiwerts allein von der Zunahme der versiegelten Flächen abhängt (vgl. VERWORN 1982, 53). Im Punkt 4.3 werden die zahlreichen theoretischen Parameter erläutert, die Art und Intensität der Veränderung des Abflussverhaltens beeinflussen.

Betrachtet man die quantitativen Auswirkungen der Versiegelung auf den Abfluss eines beispielhaften Untersuchungsgebiets, so sieht man deutlich, dass sich die Abflussbeiwerte signifikant erhöhen. So wurden, wie auch bei der Grundwasserneubildung (siehe Punkt 3.2) im Raum Aachen entsprechende Beobachtungen durchgeführt, wobei hier jedoch nicht genauer auf die Bedingungen des Einzugsgebiets eingegangen werden kann. Im Untersuchungszeitraum von 1953 bis 1986 stieg der dortige Anteil bebauter Flächen von 17 auf 52 %, was folgende Erhöhung der Abflusskoeffizienten hervorrief: In den Wasserwirtschaftsjahren stieg er von ≈ 0.3 auf ≥ 0.6, in den Sommerhalbjahren von 0.25 auf 0.63 (um 152 %) und in den Winterhalbjahren von 0.37 auf 0.52 (um 40 %). Wie man sieht, wird die Abflussbildung v.a. im Sommerhalbjahr verändert. Ursache ist, dass im Winterhalbjahr „die Abflussbeiwerte aufgrund der relativ hohen Bodenfeuchte, der Versiegelung des Bodens durch Frost und der fehlenden Interzeption und Transpiration der Vegetation ohnehin erhöht" (WEBER 1991, 137) sind, d.h. der Abfluss auf normalerweise durchlässigen Böden schon aufgrund natürlicher Faktoren relativ hoch ist und die Auswirkung einer Zunahme von versiegelten Flächen weniger ausgeprägt ist (vgl. VERWORN 1982, 53).

Dieser Hintergrund spielt auch die entscheidende Rolle bei der beobachteten Verlagerung der Hochwasserereignisse aus dem Winterhalbjahr in das Sommerhalbjahr. Denn im Sommer treten häufig Niederschläge mit hoher Intensität und kurzer Dauer auf, die auf bebauten Flächen starke Abflussreaktionen hervorrufen (vgl. VERWORN 1982, 56). Normalerweise wäre im Sommer das Aufnahmevermögen von natürlichen Böden recht hoch, da sie zu dieser Zeit vegetationsbedeckt und unbefeuchtet sind. Im Winter dagegen sind natürliche Böden weniger aufnahmefähig aufgrund der schon oben genannten Bedingungen. Wenn nun aber im Sommer die Böden durch den Menschen so verändert werden, dass sie ähnlich undurchlässig werden wie natürlicherweise im Winter, so hat dies zur Folge, dass das Wasser, welches normalerweise im Sommer versickern könnte, oberflächlich abfließt. Es kommt noch hinzu, dass die Leistungsfähigkeit des natürlichen Vorflutersystems während der Vegetationsperiode durch Verkrautungserscheinungen (Algen etc.) vermindert wird, was wiederum die Hochwasserereignisse im Sommer begünstigt. Denn das Wasser gelangt aus dem versiegelten Gebiet durch die Kanalisation unbeeinflusst der Jahreszeiten immer gleich schnell in die Vorfluter, wo die Wassermassen schließlich aufgenommen werden müssen (vgl. GISEKE 1988, 109) und was dann nicht mehr geleistet werden kann.

## 4.2.	Beschleunigung des Oberflächenabflusses

Es wurde schon erwähnt, dass die quantitative Steigerung des Oberflächenabflusses von zahlreichen Faktoren, wie z.B. der Art des Niederschlagsereignisses, abhängig ist. Hinsichtlich der Stärke des Niederschlags, zeigt sich bei der Flächenversiegelung, dass aufgrund der geringen oder gänzlich unterbundenen Versickerungsmöglichkeit schon bei geringen Niederschlagsintensitäten Oberflächenabfluss erzeugt wird (vgl. WEBER 1991, 2). Dieser Oberflächenabfluss „fließt auf den versiegelten, hydraulisch glatten Flächen schnell zum nächsten Kanalisationseinlass" (WEBER 1991, 2), wo sich das Wasser sammelt und schließlich auf schnellstem Weg zum nächsten Vorfluter gelangt. Die Beschleunigung des Wassers tritt ein, aufgrund der fehlenden Fließwiderstände auf versiegelten Flächen, im Gegensatz zu vegetationsbedeckten. Diese Auswirkung spielt eine entscheidende Rolle im veränderten Abflussverhalten der Flächenversiegelung. Denn in Kombination mit der oben genannten Verstärkung des Oberflächenabflusses bewirkt die Zunahme der Fließgeschwindigkeit, dass auch Niederschlagsereignisse von geringer oder mittlerer Intensität beachtliche Hochwasserabflüsse zur Folge haben können (vgl. GISEKE 1988, 108). Denn das Wasser wird von den versiegelten Flächen direkt, schnell und ohne große Verluste in die Kanalisation abgeführt. Und auch dort erhält das Wasser aufgrund des in den Verdichtungsräumen meist gut ausgebauten

Kanalnetzes eine erhöhte Fließgeschwindigkeit, so dass der Oberflächenabfluss in größerer Menge und in kürzerer Zeit in die Vorfluter am Rande der bebauten Fläche gelangt (vgl. VERWORN 1982, 52), wo dann „im Vergleich zu natürlichen Bedingungen eine zeitlich konzentrierte Hochwasserwelle mit erhöhtem Volumen entsteht" (WEBER 1991, 2).

Abbildung 10: Veränderung der Hochwasser-ganglinien eines Einzugsgebiets bei Bebauung

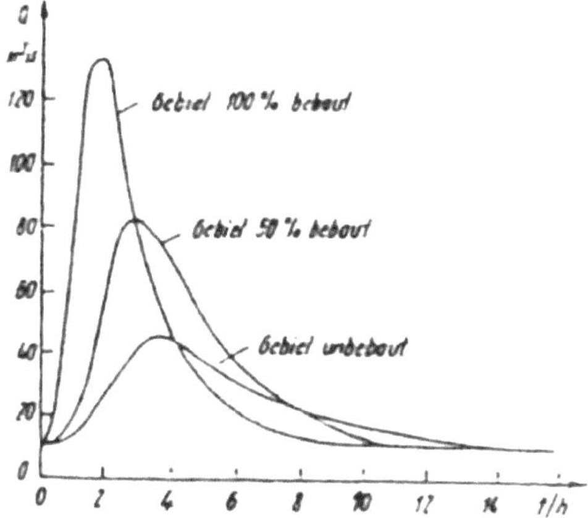

Quelle: GISEKE 1988, 109

In Abbildung 10 demonstriert die Untersuchung eines bestimmten Gebiets, dass diese Folgen umso verstärkter auftreten, je größer der Anteil der versiegelten Fläche in diesem Einzugsgebiet eines Vorfluters ist. So zeigt sich für dieses versiegelte Gebiet gegenüber einer unbebauten Fläche eine um das Dreifache vergrößerte Hochwasserspitze. Die erhöhte Abflussbereitschaft in Kombination mit der kürzeren Fließzeit steigert also das Abflusspotential eines Einzugsgebiets (vgl. VERWORN 1982, 52), wobei jedoch bedacht werden muss, dass die natürlichen Vorfluter oft nicht die Kapazitäten haben, das viele Wasser aus den bebauten Gebieten auf einmal aufzunehmen (vgl. WEBER 1991, 3). Entscheidend ist, wann die jeweiligen Abflusswellen in den Vorfluter gelangen. Dabei spielt die Lage des bebauten Gebiets die entscheidende Rolle, wobei man zwischen pegelfern und pegelnah unterscheidet.

Denn liegt ein versiegeltes Gebiet pegelfern, d.h. relativ weit entfernt vom Vorfluter, „so kann es wegen der höheren Fließgeschwindigkeit der Abflusswelle aus dem bebauten Gebiet zu einer Überlagerung mit der Welle aus dem natürlichen Einzugsgebiet kommen" (VERWORN 1982, 56). Denn die größere Entfernung der Versiegelungsfläche zum Vorfluter im Vergleich zum unbebauten Gebiet wird dadurch kompensiert, dass das Wasser schneller abfließt und so mit dem langsameren Abfluss des unbebauten Gebiets zusammentrifft. Nimmt man (rein theoretisch) an, dass das natürliche Einzugsgebiet in einen Vorfluter entwässert und das bebaute Einzugsgebiet in einen anderen, wobei beide sich schließlich kreuzen, kann man in der Abbildung 11 sehr deutlich erkennen, wie eine solche Wellenüberlagerung zustande kommt.

Abbildung 11: Wellenüberlagerung bei gleichzeitig eintreffenden Hochwasserwellen

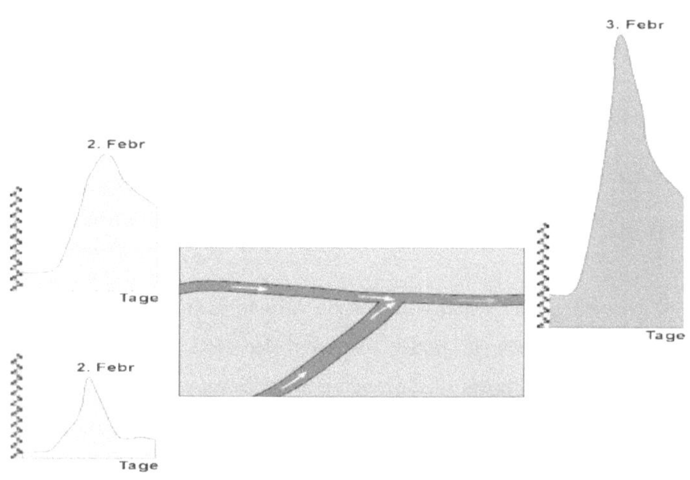

Quelle: INTERNET, Nr. 11

Im Gegensatz dazu, hat bei einer pegelnahen Lage des versiegelten Gebiets „der Abfluss des bebauten Gebiets den Pegel bereits passiert, bevor die Welle des natürlichen Gebiets die Messstelle durchläuft" (VERWORN 1982, 56), d.h. die Teilwelle des versiegelten Gebiets eilt dem Scheitel des übrigen Abflusses voraus (vgl. VERWORN 1982, 62) (siehe Abbildung 12).

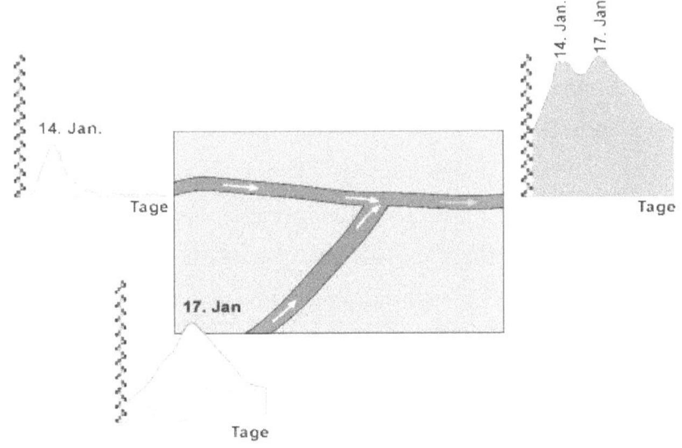

Abbildung 12: Wellenüberlagerung beinacheinander eintreffenden Hochwasserwellen

Quelle: INTERNET, Nr. 11

Zusammenfassend lässt sich sagen, dass die Versiegelung vorher durchlässiger Flächen im Allgemeinen zu größeren Abflussbeiwerten und zu einer Beschleunigung des Hochwasserabflusses führt. Dabei spielt die in Verdichtungsräumen übliche Verbesserung von Entwässerungsnetzen zusätzlich eine Rolle. Qualitativ sind diese Folgen seit langem bekannt, jedoch ist die quantitative Erfassung recht komplex und lässt sich immer nur auf bestimmte Einzugsgebiete beziehen, da stets viele verschiedene einflussnehmende Bedingungen vorliegen (vgl. VERWORN 1982, 47).

4.3. Zusammenspiel vieler Einflussfaktoren

Diese Komplexität zeigt sich darin, dass die Veränderung des Abflussverhaltens auf ein kompliziertes Zusammenspiel vieler Einflüsse zurückzuführen ist, die alle für das Maß der Steigerung im Volumen und in der Beschleunigung des Abflusses eine Rolle spielen. Einige wurden oben schon genannt, immer im jeweiligen Zusammenhang, wobei es aber noch viele andere Faktoren gibt, von denen aber in der Praxis oft nur ein Teil eine Rolle spielt (vgl. VERWORN 1982, 57).

4.3.1. Meteorologische Faktoren

Zunächst einmal sind es die meteorologischen Parameter, die bei den Versiegelungswirkungen die Basis bilden. Dabei ist die Stärke, d.h. die Menge und Dauer des Niederschlagsereignisses entscheidend, wobei bei einem starken Niederschlagsereignis auch die unversiegelten Gebiete aufgrund der ausgeschöpften Infiltrationskapazität des Bodens, intensiv an der Abflusserzeugung beteiligt sind. Deshalb hätte hier eine zusätzliche Bebauung eine geringere Auswirkung auf die Abflusserhöhung. Daneben muss der Intensitätsverlauf des Niederschlagsereignisses betrachtet werden. Bei einem Niederschlagsereignis mit einem gleichmäßigen Intensitätsverlauf kann der unbefestigte Boden das Wasser gut aufnehmen, wobei bei einem Ereignis mit hohen Intensitätswerten die Infiltrationsfähigkeit des unversiegelten Bodens überschritten wird und auch auf diesen Flächen Abfluss erzeugt wird. Demzufolge wirkt sich eine zusätzliche Versiegelung bei einem gleichmäßigen Niederschlagsereignis stärker aus, als bei einem mit starker Intensitätsspitze. Worauf schon eingegangen wurde (Punkt 4.1), ist der Feuchtezustand des Einzugsgebiets. Denn ist der Boden des Einzugsgebiets bei Beginn des Niederschlagsereignisses schon stark vorbefeuchtet, sind dessen unversiegelte Flächen in hohem Maße abflusswirksam, was dazu führt, dass eine zusätzliche Bebauung relativ gesehen wenig auswirkt. Die Bodenfeuchte und zusätzlich die Bodenbedeckung ist auch Hintergrund des Einflusses der Jahreszeit auf das Abflussgeschehen. So ist das unbefestigte Gelände im Winter (hohe Bodenfeuchte, Versiegelung durch Frost, fehlende Interzeption und Transpiration der Vegetation, s.o.) stärker am Abflussgeschehen beteiligt als im Sommer. Folglich übt eine zunehmende Versiegelung im Sommer mehr Einfluss auf den Abfluss aus als im Winter. (vgl. VERWORN 1982, 58, 59)

4.3.2. Faktoren des Einzugsgebiets

Da das Abflussgeschehen und dessen Messungen sich stets auf ein bestimmtes Einzugsgebiet beziehen, ist es offensichtlich, dass die Bedingungen des Gebiets eine wichtige Rolle bei der Untersuchung des Abflussverhaltens spielen. Zunächst einmal ist die Einzugsgebietsgröße zu betrachten. Rein verhältnismäßig gesehen hat eine Versiegelungsfläche in einem großen Einzugsgebiet weniger Einfluss auf das Abflussverhalten als in einem kleinen Gebiet, da ein Übergewicht des unverändert bleibenden Grundzustandes gegenüber der Versiegelungskomponente bestehen bleibt.

Auch die Einzugsgebietsform ist ein abflussrelevanter Parameter, da sie eine bestimmte Form der Abflusswelle erzeugt. So würde sich in einem langgestreckten Gebiet, welches auch eine charakteristisch langgezogene Abflusswelle zeigt, eine punktuelle Bebauung auf den Scheitelabfluss auswirken. Der Einfluss der vorherrschenden Bodenart im Einzugsgebiet zeigt sich dadurch, dass eine Versiegelung in einem Gebiet mit schwer durchlässigen Böden weniger Einfluss ausübt als bei leicht durchlässigen. Hinsichtlich des Faktors der Orographie, wirkt sich eine Bebauung weniger stark aus, wenn ein Einzugsgebiet sehr hügelig oder gebirgig ist, da die dortige Abflusswirksamkeit des Grundzustands schon relativ hoch ist. Betrachtet man ein Einzugsgebiet im Hinblick auf die Vorfluterdichte, folgert man, dass eine Versiegelung in einem Gebiet mit großer Vorfluterdichte wenig Einfluss auf das Abflussgeschehen hat, da die Fließwege zum nächsten wasserführenden Gerinne relativ kurz sind und sich das Wasser nicht in größeren Mengen sammelt. Hat das betroffene Einzugsgebiet einen hohen Grundwasserstand, d.h. die Versickerungsfähigkeit des Bodens ist nicht so ausgeprägt, zeigt sich bei einer zusätzlichen Versiegelung nur eine relativ geringe Auswirkung auf den Hochwasserabfluss. Bei Einzugsgebieten mit stark wasserhaltendem Bewuchs, wie einer Waldfläche, kommt es durch die Versiegelung zu einer intensiven Wirkung auf den Hochwasserabfluss, in Form einer Erhöhung von Scheitelabflüssen und Abflusswelleninhalten. Als letzter Parameter des Einzugsgebiets ist der Anteil der vorhandenen Bebauung im Istzustand relevant. Wird in einem schon von Vornherein stark bebauten Gebiet eine zusätzliche Versiegelung vorgenommen, so werden die Auswirkungen relativ gering sein, da das Einzugsgebiet in seinem Grundzustand bereits von urbanen Abflusserscheinungen geprägt ist (vgl. VERWORN 1982, 59, 60).

4.3.3. *Faktoren der Urbanisierung*

Abschließend gehe ich noch auf die Parameter der Urbanisierung ein. Zunächst kann gesagt werden, dass je größer der Bebauungsanteil einer Fläche innerhalb des Gesamtgebiets ist, umso größer sind die Auswirkungen auf das Abflussgeschehen. Betrachtet man die Bebauung hinsichtlich ihres Versiegelungsgrades, hat ein höherer Versiegelungsgrad logischerweise stärkere Folgen für das Abflussverhalten. Dieser Versiegelungsgrad wird durch den Anteil der wasserdurchlässigen Flächen verringert, die innerhalb bebauter Gebiete vorhanden sind. Diese wirken sich dann nicht abflussverschärfend aus. Ein weiterer Parameter der Urbanisierung ist die Lage der bebauten Fläche innerhalb des Gesamtgebiets in Bezug auf die Länge des Fließweges. Hierbei möchte ich auf den Punkt 4.2 verweisen, wo die Möglichkeiten einer pegelnahen und pegelfernen Lage und deren Auswirkungen erläutert werden. Letztendlich muss noch auf den Ausbaugrad des Entwässerungssystems eingegangen werden, wobei es auch auf die Ausbauformen der Kanalisation ankommt. Wird z.B. ein bisher gerinnefreies Gebiet mit einem Kanalnetz ausgestattet hat dies eine starke Auswirkung auf das Abflussgeschehen (vgl. VERWORN 1982, 61, 62).

Die angeführten Parameter sollen aufzeigen, in welchem komplexen Wirkungsgefüge die Versiegelung mit ihren Auswirkungen steht. Nicht alle Faktoren können in befriedigendem Maße in Zahlen gefasst werden, jedoch sollten sie bei geplanten Versiegelungsmaßnahmen alle auf ihre Relevanz überprüft werden (vgl. VERWORN 1982, 57, 58).

4.4.   Hochwasser: anthropogen verursacht oder Zufall?

Betrachtet man nochmals die allgemeinen Veränderungen des Abflussverhaltens durch die Flächenversiegelung, wurde bisher immer davon gesprochen, dass die Folge eine Erhöhung des Abflussvolumens und der –geschwindigkeit ist. Im Vergleich zur Grundwasserneubildung gibt es hier anscheinend keine Möglichkeiten zur Abmilderung der negativen Auswirkungen der Versiegelung. Da das Hochwasser im Grunde eine überdimensionale Form des natürlichen Abflusses darstellt, hat die Versiegelung logischerweise auch Auswirkungen auf Hochwasser. Dabei wurde schon erläutert, dass die Versiegelung z.T. die Verlagerung der Hochwasserereignisse vom Winter- in das Sommerhalbjahr bedingt (siehe Punkt 4.1) und außerdem der Grund ist, warum auch geringe und mittlere Niederschlagsintensitäten zu Hochwasserabflüssen führen können. All dies spricht dafür, dass die anthropogen verursachte Flächenversiegelung in Kombination mit Flussverbauung und Begradigung (vgl. INTERNET, Nr. 10) die Ursache dafür ist, warum die Menschen in letzter Zeit Hochwasserereignisse immer mehr fürchten müssen. Erinnert man sich an das schwere Pfingsthochwasser im Jahre 2002, so kommen einem auch die Zeitungsartikel in Erinnerung, in denen stets betont wurde, dass diese Naturkatastrophen vom Menschen hausgemacht sind. So wird bis heute an die Verantwortlichen plädiert, die zunehmende Versiegelung zu stoppen und eine Entsiegelung zu fördern, um in Zukunft die ansteigende Zahl von Hochwassern zu verringern (vgl. INTERNET, Nr. 12).

Sicherlich würde dies für die Umwelt nur positive Folgen haben, trotzdem muss man darauf hinweisen, dass die Wirkung von Versiegelung auf Hochwasser nicht so einfach gesteuert bzw. rückgängig gemacht werden kann. Wie aus Punkt 4.3 schon ersichtlich wurde, zeigt sich beim Abflussverhalten eine große Komplexität von Faktoren, die alle auf die Veränderung einwirken. So spielt z.B. die Größe der Flüsse und ihrer Einzugsgebiete v.a. bei Hochwasser eine entscheidende Rolle. Bei kleinen urbanen Gewässern, deren Einzugsgebiete zu 10, 20 oder mehr Prozent versiegelt sind, muss man mit stark ansteigenden Hochwasserspitzen rechnen. Dies kann dazu führen, dass in stark verdichteten Gebieten, wie Großstädten, manche Kleingewässer ihr natürliches Abflussverhalten gänzlich verlieren (vgl. INTERNET, Nr. 13).

Bei größeren Flüssen ist der Sachverhalt ein anderer, da dort bei Hochwasser die Auswirkungen versiegelter Flächen zeitversetzt wirksam werden (siehe Abbildung 12), d.h. das von den nahen versiegelten Flächen abfließende Wasser eilt dem Oberflächenabfluss aus entfernteren Gebieten des großen Einzugsraumes voraus, so dass es zu keiner Überlagerung von Hochwasserspitzen kommt. Am Beispiel von Hannover zeigt sich demnach, dass eine Hochwasserwelle aus dem Leinegebiet erst einige Tage nach dem Niederschlagende in Hannover eintrifft. Zu diesem Zeitpunkt sind erhöhte Wassermengen, die durch Versiegelungen in der unmittelbaren Umgebung Hannovers in den Fluss gelangt sind, bereits abgeflossen (vgl. INTERNET, Nr. 13).

Man muss also auch beim Abflussverhalten, wie bei der Grundwasserneubildung, die Folgen der Versiegelung einschränken. So wurde ermittelt, dass an großen Flüssen die Flächenversiegelung kaum zur Hochwasserbildung beiträgt. Hier spielen andere natürliche Faktoren, wie wassergesättigte oder gefrorene Böden eine größere Rolle.

Dementsprechend zeigt sich in der Abbildung 13, dass bei größeren Flüssen landwirtschaftliche Flächen und Waldflächen mehr Einfluss auf das Hochwasser- volumen ausüben als Siedlungen und Straßen, so dass die Flächenversiegelung auch nicht als unmittelbare Ursache für mehr Hochwasser angesehen werden kann.

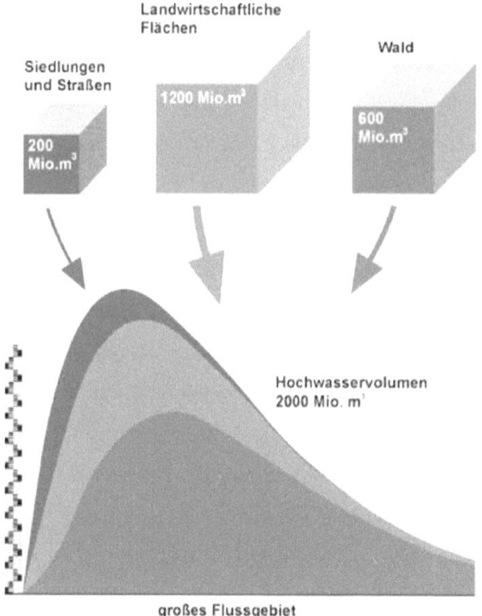

Quelle: INTERNET, Nr. 11

Anders sieht es jedoch bei kleinen Flüssen aus, wo die Flächenversiegelung eine Hochwasserzunahme ganz wesentlich unterstützt und Entsiegelung demnach auch einen großen Beitrag zur Reduzierung der Hochwassergefahr leisten würde. Aufgrund dessen müssen die Bedingungen des Raumes erst stets genau untersucht und differenziert werden, wenn eine neue Versiegelungsfläche gerechtfertigt werden soll.

6. Verringerung der Flächenversiegelung

6.1. Notwendigkeit der Begrenzung von Flächenversiegelung

Nachdem wir nun die Auswirkungen von Flächenversiegelung auf Grundwasserneubildung und Abflussverhalten kennen gelernt haben, stellt sich die Frage, warum die bekannten Möglichkeiten zur Verringerung der negativen Folgen der Versiegelung nicht flächendeckend angewendet werden. Man könnte im Grunde doch froh sein, dass die Versiegelung Handlungsspielräume zulässt, in denen die schlechten Auswirkungen auf den Wasserhaushalt eines Einzugsgebiets (Verringerung der Grundwasserneubildung und Verstärkung des Abflusses) vermindert werden könnten, z.B. anstatt einer 100 %-igen Versiegelung nur eine Teilversiegelung anzulegen, so dass die Grundwasserneubildung z.T. sogar erhöht werden könnte (siehe Punkt 3.2).

Es muss jedoch darauf hingewiesen werden, dass diese Handlungsspielräume nicht in jedem Fall ausgenutzt werden können, auch zuliebe der Umwelt, wobei der weniger folgenschweren Vorgehensweise der Vorrang gegeben wird. So ist bei Straßen eine Versiegelung unumgänglich, wenn es auf ausreichende Tragfähigkeit ankommt. Auf Flächen wie Industrie- und Gewerbegebiete ist ebenso eine vollständige Abdichtung des Bodens von Nöten, da dort die Möglichkeit einer Schadstoffbelastung des Bodens und möglicherweise des Grundwassers besteht (vgl. BISCHOFF 1992, 192). Um diese Auswirkungen zu verhindern, nimmt man schließlich die scheinbar geringeren Folgen einer Versiegelung in Kauf.

Doch trotzdem kann man die Tatsache nicht verleugnen, dass der Boden durch die Versiegelung zerstört wird und dadurch eine weitgehend irreversible Schädigung in Kauf genommen wird, die aufgrund der Komplexität des Wasserhaushalts auch noch viele andere Bereiche beeinflusst. Ein vorher versiegelter Boden kann sich nur im Verlauf von mehreren Jahrhunderten bis Jahrtausenden wieder natürlich regenerieren und entwickeln. Deshalb ist es wohl mehr als gerechtfertigt, dass der Bodenschutz längst zu einem Hauptziel der Umweltpolitik geworden ist (vgl. BISCHOFF 1992, 192). Es erscheint also notwendig, die Versiegelung überall dort, wo es möglich ist, zu vermindern und so deren negativen Auswirkungen entgegenzusteuern. Dies hat inzwischen auch die Politik einigermaßen anerkannt, so dass in den letzten Jahren Forschungsvorhaben zu Entsiegelungsmaßnahmen von der Bundesregierung gefördert wurden (z.B. siehe Forschungsvorhaben GISEKE 1988), wenngleich diese Maßnahmen von den Verantwortlichen bis heute noch nicht übermäßig umgesetzt wurden (vgl.

KREUZ 1990, 89, 90). Diese Verantwortlichen findet man v.a. auf kommunaler Ebene, da nur dort die Möglichkeiten zur Verringerung der Versiegelung und zur Entsiegelung umgesetzt werden können. Denn die Folgen der Flächenversiegelung beziehen sich, wie schon erläutert wurde, stets auf bestimmte, meist kleine Einzugsgebiete und sind deshalb nicht überall gleich zu bewerten. Deshalb wurde inzwischen im Baugesetzbuch (BauBG) der Flächenschutz und somit auch die Begrenzung der Bodenversiegelung gesetzlich verankert (§ 1 Abs. 1), um die Flächenversiegelung auf das notwendige Maß zu begrenzen (vgl. INTERNET, Nr. 14). Auch wurde im Auftrag des Bayerischen Staatsministeriums für Landesentwicklung und Umweltfragen (StMLU) das Projekt „Kommunales Flächenressourcen-Management" ins Leben gerufen, mit dem Hintergrund, sparsamer mit Grund und Boden umzugehen und den zunehmenden Flächenverbrauch, insbesondere in Bayern, zu verringern (BAYR. STAATSMINISTERIUM FÜR LANDESENTWICKLUNG UND UMWELTFRAGEN / *StMLU* 2003[2], 3). Dazu gehört neben anderen flächensparenden Maßnahmen natürlich auch das flächensparende Bauen, die Begrenzung der Versiegelung und die Entsiegelung (vgl. INTERNET, Nr. 8).

6.2. Maßnahmen zur Verringerung von Flächenversiegelung

Im Zuge dieses Projekts wurde in dem Ort Wettstetten, welcher im Einzugsbereich von Ingolstadt liegt, ein Bebauungsplankonzept mit dem Ziel der Flächeneinsparung entwickelt. In diesem Baugebiet wurden große Teile der Flächen mit versickerungsfreundlichen Oberflächen versehen, Fahrbahnbreiten wurden minimiert, in den verkehrsberuhigten Bereichen wurde auf Gehwege und Stauräume vor Garagen verzichtet und Freibereiche vor den Häusern wurden mit Schotterterrassen versehen (StMLU 2003[2], 32). Diese Maßnahmen sind konkrete Beispiele dafür, wie man die Versiegelung schon von Vornherein, d.h. bei neuen Baumaßnahmen, in einem Gebiet einsparen kann, um so deren negative Folgen zu verringern. Es können bei Gebieten mit hohen Versiegelungsgraden zusätzlich kompensierende Maßnahmen durchgeführt werden, wie Dach- und Wandbegrünung, Grün im Straßenraum und Möglichkeiten zur Versickerung von Niederschlag (vgl. GISEKE 1989, XX).

Nachträgliche Entsiegelungsmaßnahmen bewirken dagegen eine Änderung der Befestigung von Flächen, was einem Umkehrprozess übermäßiger, nicht notwendiger Bodenversiegelung entspricht. Dazu gehört die Extensivierung der Oberflächenbefestigung, das Entfernen des Oberflächenbelags oder der Wechsel des Bodenbelags (vgl. BISCHOFF 1992, 193). Entscheidendes Kriterium für eine geplante geringere Versiegelung und mehr Naturnähe ist die Durchlässigkeit des Bodens für Wasser (vgl. BISCHOFF 1992, 194). So können stärker versiegelnde Bodenbeläge durch durchlässigere ersetzt werden, wie z.B. der „Ersatz einer geschlossenen, wasserundurchlässigen und vegetationsverhindernden Teer- oder Betondecke durch einen wasserdurchlässigen Belag, der zugleich auch die Ausbreitung bestimmter Vegetation erlaubt" (GISEKE 1989, XX, XXI). Hierzu verweise ich wieder auf Punkt 2.4, wo verschieden durchlässige Belagsmaterialien beschrieben wurden.

7.   Zusammenfassung und Fazit

Auch wenn der Bodenschutz in der Politik zunehmend an Bedeutung gewinnt und auch einige Forschungsprojekte zu dieser Thematik begonnen wurden, lässt sich nicht von einer befriedigenden Entwicklung sprechen. Wie ausführlich erläutert wurde, wird das Problem der Flächenversiegelung in Zukunft noch größer werden, da die Bevölkerung weiter anwachsen und immer mehr Fläche in Anspruch nehmen wird. Hierbei zeigt sich deutlich der Konflikt zwischen Umwelt und Mensch. Keiner kann wohl dem Menschen absprechen, dass er Wohnfläche, Verkehrsfläche, Erholungsfläche etc. zum Leben benötigt, wobei diese Fläche der Umwelt „entnommen" werden muss. Im Grunde entwickelt sich dieser Konflikt jedoch zu einem Wettrennen zwischen Umwelt und Mensch, bei dem der Mensch selbstverschuldet gegen die Umwelt verlieren wird. Denn die Auswirkungen der anthropogen verursachten Flächenversiegelung wirken wieder auf den Menschen zurück. Dies ist der Fall, wenn aufgrund der unterbundenen Versickerung zu wenig Grundwasser neugebildet und das Wasser irgendwann zu einem Knappheitsfaktor wird oder zuviel Wasser oberflächlich abfließen muss und wegen der Überbelastung der Vorfluter Hochwasser entstehen. Auch wenn in dieser Arbeit klar wurde, dass man die Flächenversiegelung nicht für alles verantwortlich machen kann, muss man trotzdem betonen, dass eine hundertprozentige Versiegelung drastische Auswirkungen auf Grundwasserneubildung und Abfluss hat. Die Abbildung 14 zeigt gut zusammenfassend, welche prozentualen Folgen aus einer Gebietsversiegelung entstehen. So nimmt die Grundwasserneubildung mit zunehmender Versiegelung ab und der Abfluss zu, wobei letzterer zusätzlich noch beschleunigt wird.

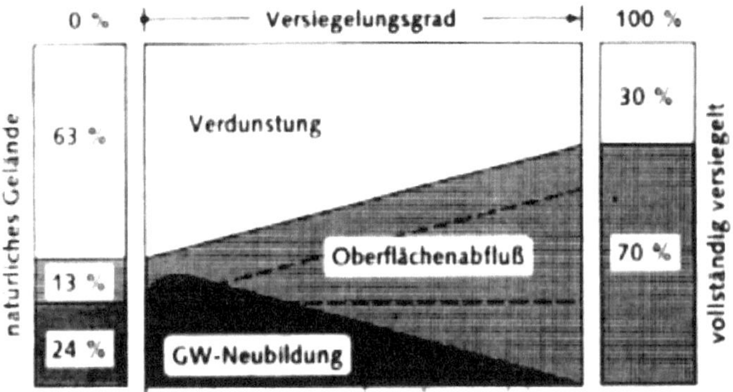

Quelle: nach MEIßNER 2000, 2

Da die Forschungen aber schon soweit fortgeschritten sind, dass die Einflussgrößen auf die beiden Untersuchungsschwer-punkte bekannt sind, gibt es Möglichkeiten, die negativen Folgen der Flächenversiegelung zu verringern bzw. sogar gänzlich zu vermeiden. So gibt es z.B. die Möglichkeit auf geeigneten Flächen vollversiegelte Beläge durch wasserdurchlässige zu ersetzen, wodurch die Grundwasserneubildung sogar erhöht werden kann, wie man auch in der Abbildung 14 gut sieht. Denn bei geringem Versiegelungsgrad wirkt sich die schnelle Versickerung und die geringe Verdunstung des Niederschlagswassers von bestimmten Belägen (siehe Punkt 2.4) auf die Grundwasserneubildungsrate positiv aus. Es muss jedoch erwähnt werden, dass es noch zu wenige Werte zur Durchlässigkeit der verschiedenen Beläge gibt und dass bisher noch keine objektiven Zahlenwerte ermittelt wurden (vgl. BISCHOFF 1992, 194), d.h. hier würde noch etlicher Forschungsbedarf bestehen.

Da es Möglichkeiten zur Verringerung der negativen Folgen von Flächenversiegelung gibt, ist es nur wichtig, diese zu ergreifen und umzusetzen. Daher appelliere ich an die Verantwortlichen in den Gemeinden und Städten vorausschauend zu planen, denn aufgrund des großen Aufwands und der entsprechenden Kosten von Entsiegelungs-maßnahmen erscheint es als sehr sinnvoll, schon von Anfang auf geringe Versiegelung zu achten, um so deren Auswirkungen, nicht nur auf die Umwelt, sondern auch auf den Menschen, zu vermindern.

Literaturverzeichnis

Bayerisches Landesamt für Wasserwirtschaft (Hg.) (2001): SpektrumWasser 2 - Grundwasser - Der unsichtbare Schatz. München.

Bayerisches Staatsministerium für Landesentwicklung und Umweltfragen (Hg.) (2003)[2]: Arbeitshilfe: Kommunales Flächenressourcen-Management. München.

Berlekamp, L.-R. (1987): Bodenversiegelung als Faktor der Grundwasserneubildung 19 (Heft 3), S. 129-136.

Bischoff, G. (1992): Verzicht auf unnötige Bodenversiegelung. Zur Problematik der Bewertung durchlässiger Beläge. In: Naturschutz und Landschaftsplanung (Heft 5), S. 192-195.

Böcker, R. (1985): Bodenversiegelung – Verlust vegetationsbedeckter Flächen in Ballungsräumen – am Beispiel Berlin (West). In: Landschaft und Stadt 17 (Heft 2), S. 57-61.

Breuste, J. (1996): Zwischenbericht zum Forschungsprojekt: Erfassung und Bewertung des Versiegelungsgrades befestigter Flächen - Stadtökologische Forschungen Nr. 7. Leipzig-Halle.

Burghardt, W. (1993): Formen und Wirkung der Versiegelung. – In: Bodenschutz (= Zentrum für Umweltforschung der Westfälischen Wilhelms-Universität., H. 2, Münster.

Giseke, U. u.a. (1988): Städtebauliche Lösungsansätze zur Verminderung der Bodenversiegelung als Beitrag zum Bodenschutz. – Schriftenreihe „Forschung" des Bundesministers für Raumordnung, Bauwesen und Städtebau 456. Berlin.

Gronowski, T. V. (1992): Die natürliche Grundwasserneubildung in einem urban beeinflussten Einzugsgebiet im Voralpenraum – Zürcher Geographische Schriften 50. Zürich.
Kreuz, D. und Wenng, S. (1990): Flächennutzung, Flächennutzungswandel und Flächenversiegelung in Bayern -Endbericht-. Ottobrunn.

Leser, H. u.a. (2001)[12]: DIERCKE-Wörterbuch Allgemeine Geographie. München.

Matthess, G. und Ubell, K. (1983): Allgemeine Hydrogeologie – Grundwasserhaushalt (Band 1). Berlin u.a.

Meißner, E. (2000): Grundsätze der Regenwasserbewirtschaftung in Siedlungen (Dienstbesprechung Siedlungswasserwirtschaft 2000) – Bayerisches Staatsministerium für Wasserwirtschaft. o.O.

Verworn, H.-R. (1982): Anthropogene Einflüsse auf das Hochwassergeschehen. Teil II: Untersuchungen über die Auswirkungen der Urbanisierung auf den Hochwasserabfluß – Schriftenreihe des Deutschen Verbandes für Wasserwirtschaft und Kulturbau e.V. 53. Hamburg u.a., S. 47-62.

Weber, U. (1991): Einfluss der Urbanisierung auf den Wasserhaushalt im Raum Aachen. – Aachener Geographische Arbeiten 23. Aachen.

Wessolek, G. (1988): Auswirkungen der Bodenversiegelung auf Boden und Wasser. Informationen zur Raumentwicklung (Heft 8/9), S. 535-541.

Internet

1. Statistisches Bundesamt:
   http://www.destatis.de/presse/deutsch/pm2002/p1490112.htm (19.10.2004)

2. Informationen zur Flächeninanspruchnahme:
   http://www.stmugv.bayern.de/de/boden/flaech/flv6.htm (26.10.2004)

3. Umweltwirkungen von Wohnsiedlungen: http://www-public.tu-bs.de:8080/~schroete/wohnen.htm (19.10.2004)

4. Struktur der Flächennutzung:
   http://www.bbr.bund.de/raumordnung/siedlung/struktur.htm (26.10.2004)

5. Wasserwirtschaftsamt Ansbach: http://www.bayern.de/wwa-an/html,1228.html (28.10.2004)

6. Daten und Fakten zum Flächenverbrauch in Bayern:
   http://www.stmugv.bayern.de/de/boden/flaech/flv7.htm (20.10.2004)

7. Siedlungs- und Verkehrsfläche 2001:
   http://www.bbr.bund.de/raumordnung/grafik/siedlung01.jpg (20.10.2004)

8. Das Bündnis zum Flächensparen in Bayern:
   www.stmugv.bayern.de/de/boden/flaech/flv_fol1.pdf (20.10.2004)

9. Hochwasser: Ursachen, Schutz und Konzepte in Deutschland (Hanna Schmitt):
   www.ikzm-d.de/seminare/pdf/schmitt_hochwasser.pdf (5.10.2004)

10. Bodenwelten: http://www.bodenwelten.de/bod_schatz/versiegelt/bod_versieg.htm (20.10.2004)

11. Wasserwirtschaftsamt Bayreuth: http://ww.bayern.de/wwa-bt/wirueberuns/seiten/vortrag_waischenfeld1/vortag_schule_titel-Dateien/frame.htm (28.10.2004)

12. Hydrogeographie: http://www.hydrogeographie.de/akt67.htm (25.10.2004)

13. Pressemitteilung: http://193.218.216.17/crome/projekt2/Flachenversiegelung.htm (5.10.2004)

14. Rechtliche Rahmenbedingungen:
    http://www.stmugv.bayern.de/de/boden/flaech/flaech3.htm (26.10.2004)